全国职业技术院校模具制造/模具设计专业

冷冲压工艺与模具设计（第二版）习题册

中国劳动社会保障出版社

简介

本习题册是全国职业技术院校模具制造/模具设计专业教材《冷冲压工艺与模具设计（第二版）》的配套用书。本习题册紧扣教学要求，按照教材章节顺序编排，知识点分布均衡，题型丰富多样，难易配置适当，有助于学生复习巩固所学知识。

本书由管林东主编，贾大虎任副主编，孙海锋、周秋荣、刘春参加编写。

图书在版编目(CIP)数据

冷冲压工艺与模具设计（第二版）习题册/管林东主编. —北京：中国劳动社会保障出版社，2016

全国职业技术院校模具制造/模具设计专业

ISBN 978－7－5167－2822－2

Ⅰ.①冷… Ⅱ.①管… Ⅲ.①冷冲压-生产工艺-职业教育-习题集②冲模-设计-职业教育-习题集 Ⅳ.①TG386－44②TG702－44

中国版本图书馆 CIP 数据核字(2016)第 274691 号

中国劳动社会保障出版社出版发行

（北京市惠新东街 1 号　邮政编码：100029）

*

北京谊兴印刷有限公司印刷装订　新华书店经销

787 毫米×1092 毫米　16 开本　3.25 印张　70 千字

2016 年 11 月第 1 版　　2025 年 3 月第 7 次印刷

定价：6.00 元

营销中心电话：400-606-6496

出版社网址：http://www.class.com.cn

http://jg.class.com.cn

目　录

第一章　冷冲压工艺与模具基础知识

第一节　冷冲压加工基础知识

一、填空题（将正确答案填写在横线上）

1. 压力加工是利用__________和装在压力机上的__________，使材料在__________或高温状态下达到符合要求的变形。

2. 压力加工的种类很多，按加工性质不同，可分为______________和______________两大类。

3. 冷冲压加工是指在常温状态下，在压力机上通过模具对______________加压，使其产生____________或__________，从而得到一定形状、尺寸和性能要求的零件的加工方法，这种加工方法又称为板料冲压。

4. 冲压成形制件的__________、高复杂程度、__________、高生产率和低消耗是______________________所无法比拟的。

5. 冷冲压加工方法多种多样，总体来说，冷冲压加工可分为两大类，即分离工序和____________。

二、选择题（将正确答案的代号填入括号内）

1. 冷冲压加工的主要优点是（　　）。
   A. 适合单件小批量生产　　B. 生产制造周期长
   C. 冲压生产过程中噪声小　　D. 生产效率极高

2. 作为分离工序的基本工序，冲裁包括落料、（　　）、切断、切边、切口和剖切等。
   A. 胀形　　B. 成形　　C. 冲孔　　D. 挤压

三、判断题（正确的打“√”，错误的打“×”）

1. 材料在常温状态下进行压力变形的加工方法称为冷压力加工。（　　）
2. 材料经过加热后，在高温状态下进行压力变形的加工方法称为热压力加工。（　　）
3. 冷冲压的主要缺点是由于模具是技术密集型产品，其制造属单件小批量生产。（　　）
4. 分离工序中，坯料应力超过坯料的强度极限，即 $\sigma < R_{\mathrm{m}}$。（　　）

四、名词解释

1. 分离工序

2. 变形工序

五、问答题

1. 简述冷冲压加工的优点。

2. 简述冷冲压加工中分离工序与变形工序有何不同。

3. 在冲模标准化方面，我国主要颁布了哪些国家标准或行业标准？

第二节 冷冲压模具基础知识

一、填空题（将正确答案填写在横线上）

1. 冷冲压模具是通过加压将金属、______板料或型材分离、________或接合而获得制件的工艺装备。

2. 按工序组合程度，冷冲压模具可分为单工序模、__________和____________。

3. 按冲压工艺性质，冷冲压模具可分为冲裁模、_____________、___________、成形模等。

4. 冷冲压模具由________和________两大部分组成。

5. 模具的工艺零件包括工作零件、________、卸料零件与__________等。

6. 模具的结构零件只对模具完成工艺过程起________或对模具功能起________。

二、选择题（将正确答案的代号填入括号内）

1. 下列（　　）类零件不是工作零件。
   A. 凸模　　B. 凹模　　C. 导柱

2. 下列（　　）类零件不是定位零件。
   A. 定位销　　B. 挡料销　　C. 平键

3. 下列（　　）类零件不是导向零件。
   A. 导套　　B. 导柱　　C. 导料板

4. 下列（　　）类零件不是固定零件。
   A. 模柄　　B. 上模座　　C. 销钉

三、判断题（正确的打“√”，错误的打“×”）

1. 一般只有一对凸模和凹模，在压力机的一次行程中，只能完成一次冲压工序的冷冲压模具称为单工序模。（　　）

2. 只有一个工位，在压力机的一次行程中能完成两道或两道以上的冲压工序的冷冲压模具称为级进模。（　　）

3. 具有两个或两个以上工位，在压力机的一次行程中，在不同工位上完成两种或两种以上的冲压工序的冷冲压模具称为复合模。（　　）

四、问答题

1. 冷冲压模具的结构通常由哪几部分组成？

2. 简述冷冲压模具按工序组合程度的分类及其各自的特点和应用。

第三节　冲压设备的种类与选用

一、填空题（将正确答案填写在横线上）

1. 冲压主用设备统称__________，包括冲床、__________和锻床。

2. 冲压辅助设备包括送料机、__________、收料机。

3. 冲压设备的种类很多，如按驱动滑块力的种类可分为________、________、气动式等；按滑块个数可分为单动式、________、三动式等。

4. 压力机在选用时应根据冲压工序的性质、____________的大小、模具的外形尺寸及__________等情况进行选择。

5. 机械压力机可分为曲柄压力机、____________和____________。

6. 曲柄压力机的型号用汉语拼音字母、____________和____________表示。

二、选择题（将正确答案的代号填入括号内）

1. 冲压设备按驱动滑块的种类可分为（　　）、肘杆式、摩擦式等。

A. 曲柄式　　　　B. 机械式　　　　C. 液压式

2. 通用压力机适用于多种工艺用途，如冲裁、弯曲、成形和（　　）等。

A. 深拉深　　　　B. 浅拉深　　　　C. 热轧

3. 按与滑块相连的曲柄连杆个数，曲柄压力机可分为单点、双点和（　　）压力机。

A. 三点　　　　B. 四点　　　　C. 多点

4. 曲柄压力机中工作机构一般为曲柄滑块机构，由曲柄、（　　）、滑块、导轨等零件组成。

A. 导块　　　　B. 拉杆　　　　C. 连杆

三、判断题（正确的打“√”，错误的打“×”）

1. 专用压力机用途较单一，如拉深压力机、板料折弯机等都属于专用压力机。（　　）

2. 开式压力机机身左右两侧是封闭的，只能从前后方向接近模具，且装模距离近，操作不太方便。（　　）

3. 曲柄连杆数的设置主要根据滑块面积的大小和使用目的而定。点数越多，滑块承受偏心负荷的能力越小。（　　）

4. 压力机上有各种辅助系统与附属装置，如润滑系统、顶件装置、保护装置、滑块平衡装置和安全装置等。（　　）

四、名词解释

1. JC23—63A

2. YA32—315

3. 公称压力

4. 闭合高度

五、问答题

1. 机械压力机通常有哪些种类？最常用的是哪一种？

2. 曲柄压力机一般由哪几个基本部分组成？

3. 简述冲压设备的主要技术参数。

第四节　冷冲压加工的常用材料及冷冲模材料

一、填空题（将正确答案填写在横线上）

1. 冷冲压材料一般应具有一定的强度、________、________等力学性能要求。此外，有的冷冲压材料还有一些特殊的要求，如传热性、________等。

2. 冷冲压用材料通常具有良好的冲压工艺性能要求。一般__________，屈服强度较小，__________，硬化指数高，有利于各种冲压成形工序。

3. 材料的厚度公差应符合国家标准规定，材料厚度公差太大，不仅直接影响________的质量，还可能导致________和________的损坏。

4. 材料的表面应光洁、平整，无__________和机械性质的__________，无__________、氧化皮及其他附着物。

5. 冲压产品常用材料包括金属材料和__________。

6. 冲裁模主要用于各种板料的冲切成形，其________在工作过程中受到强烈的摩擦和__________。

二、选择题（将正确答案的代号填入括号内）

1. 非金属材料主要有纸板、(　　)、塑料板、橡胶板和云母等。

A. 氧化铁　　B. 结晶物　　C. 胶木板

2. 下列不是常用的黑色金属材料的是（　　）。

A. Q195　　B. 08F　　C. T1

三、判断题（正确的打“√”，错误的打“×”）

1. 材料的化学成分对冲压工艺性能的影响较大，如果钢中的碳、硅、硫、磷等元素的含量过高，就会使材料的塑性降低、脆性增加，导致材料的冲压工艺性能变差。（　　）

2. 板料供应状态可分为M（退火状态）、C（淬火状态）、Y2（半硬态）等。板料有冷轧和热轧两种轧制状态。（　　）

3. 弯曲模主要用于板料的弯曲成形，工作负荷不大，但有一定的摩擦。（　　）

4. 拉深模主要用于板料的拉深成形，工作应力很大，凹模入口处承受强烈的摩擦。（　　）

四、问答题

1. 常用的黑色金属材料有哪些？

2. 简述冷冲模工作零件对材料性能的要求。

第五节　冲压成形工艺规程编制

一、填空题（将正确答案填写在横线上）

1. 工艺规程是指导制件生产过程的__________，是生产准备的________，也是生产过程的重要依据。好的工艺规程能指导人们以________、经济的方式生产出所需制件。

2. 冲压件的生产过程通常包括：__________、各种冲压工序和必要的__________。

3. 在编制冲压工艺规程时，通常是根据冲压件的特点、__________、现有设备和__________等，拟订出几种可能的工艺方案。

4. 冲压件零件图分析包括两方面内容：一是__________，二是__________。

二、选择题（将正确答案的代号填入括号内）

1. 确定冲压件的工艺方案时，需要考虑的主要问题有：冲压工序的性质、（　　）、工序顺序、工序组合方式以及其他辅助工序的安排。

A. 工序数量　　B. 工时数量　　C. 冲压次数

2. 冲压工序性质的确定主要取决于冲压件的（　　）、尺寸精度、各工序的变形性质、应用范围，同时还需考虑具体的生产条件。

A. 结构形状　　B. 结构特点　　C. 工件形状

三、判断题（正确的打“√”，错误的打“×”）

1. 工序数量是指冲压件加工的整个过程中所需的工序数（不包括辅助工序）的总和。
（　　）

2．工序顺序就是冲压加工过程中各道工序进行的先后次序。 （ ）

3．一般冲压工艺过程卡的主要内容应包括：工序序号、工序名称、工序图、所用模具、所选设备、工序检验要求、板料规格和性能、毛坯形状和尺寸等。 （ ）

四、问答题

1．简述工序数量的确定原则。

2．简述应如何选用冲压设备。

第二章 冲裁工艺与冲裁模设计

第一节 冲裁工艺设计

一、填空题（将正确答案填写在横线上）

1. 冲裁后，板料分为两部分，即________和________。

2. 根据材料分离形式的不同，冲裁可分为________和________。

3. 冲裁后，若冲落部分是制件时称为________；反之，若带孔部分是制件时（冲落部分作为废料）称为________。

4. 冲裁过程大致分为________、________和________三个阶段。

5. 冲裁件断面有________、________、________、________四个特征区域，其中________是质量最好的区域。

6. 冲裁变形区为凸、凹模刃口连线的周围材料部分，其变形性质是以________为主，还伴随有________、________与________等变形。

7. 影响断面质量的因素有________、________、________。

8. 冲裁件的尺寸精度是指冲裁件的________与________之差。

9. ________是指冲裁件对冲裁工艺的适应性，即冲裁加工的难易程度。

10. 冲裁件的工艺性主要包括________、________和________等几方面。

11. 冲裁件的精度一般可分为________与________两类。

12. 排样设计的工作内容包括________、________、________、________和________。

13. 材料利用率是指冲裁件的________与________的百分比。

14. 冲裁产生的废料有________和________两种。

15. 根据材料经济利用的程度，条料排样方法可以分为________、________和________。

16. 根据冲裁件在条料上的不同布置方法，有________、________、________、________和________等多种排样形式。

17. 在选择压力机公称压力时，必须使其________所算总的冲压力。

18. 影响冲裁力的主要因素有________、________、________及冲裁间隙、刃口锋利程度与表面粗糙度值等。

19. 模具刃口尺寸及公差的计算与加工方法有关，基本上可以分为两类：一类是________，另一类是________。

20. 配合加工就是先按设计尺寸制作出一个基准件（凸模或凹模），再根据基准件的实际尺寸按________________配作另一件。

二、选择题（将正确答案的代号填入括号内）

1. 下列不属于分离工序的是（　　）。

A. 落料　　B. 冲孔　　C. 弯曲

2. 对于形状复杂的刃口，制造偏差可按工件相应部位公差值的（　　）来选用。

A. 1/4　　B. 1/8　　C. 1/2

3. 一般冲模的精度比工件的精度高（　　）级。

A. 1 ~2　　B. 2 ~3　　C. 4 ~6

4. 工件尺寸公差与冲模刃口尺寸的制造偏差原则上都应按（　　）标注为单向公差。

A. 基准统一原则　　B. 互为基准原则　　C. 入体原则

5. 冷冲压工序概括起来可以分为（　　）。

A. 分离和变形　　B. 切边和切口　　C. 落料和冲孔

三、判断题（正确的打“√”，错误的打“×”）

1. 落料是沿封闭曲线从板料上分离出制件的工序，其制件称为落料件；冲孔是沿封闭曲线从板料上分离出废料的工序，其制件称为冲孔件。（　　）

2. 冲模制造精度对冲裁件尺寸精度有直接影响，冲模的精度越高，冲裁件的精度也越高。（　　）

3. 冲裁件的形状应力求简单、规则，有利于材料的合理利用，以便节约材料，减少工序数目，提高模具寿命，降低冲裁件成本。（　　）

4. 冲裁件的断面粗糙度值一般在 *Ra*6. 3 μm 以下。（　　）

5. 合理的排样是提高材料利用率、降低成本、保证冲件质量及模具寿命的有效措施。（　　）

6. 顶件力是从凹模内顺冲裁方向将制件或废料推出时所需的力。（　　）

7. 冲裁力是冲裁过程中凹模对板料施加的压力。（　　）

8. 冲压力是选择压力机的主要依据，也是设计模具所必需的数据。（　　）

9. 推件力是从凹模内逆冲裁方向将制件从凹模孔内顶出所需要的力。（　　）

10. 由于冲裁件有内孔而产生的废料称为工艺废料。（　　）

11. 制件尺寸大或有尖突的复杂形状，搭边值要取大些。（　　）

12. 落料件的光亮带处于小端尺寸，冲孔件的光亮带处于大端尺寸。（　　）

13. 设计冲孔模时，凸模的基本尺寸取接近或等于孔的最小极限尺寸。（　　）

14. 弹性卸料装置兼有卸料和压料的作用，冲件质量较好，工件平整，平直度较高。（　　）

四、名词解释

1. 冲裁

2．排样

3．搭边

4．材料利用率

5．送料步距

6．冲压力

7．压力中心

8．冲裁间隙

五、问答题

1．简述冲压工艺对材料的基本要求。

2．简述排样的原则。

3．简述与搭边值大小有关的因素。

4．简述凸、凹模刃口尺寸计算的原则。

第二节　冲裁模典型结构

一、填空题（将正确答案填写在横线上）

1. 冲裁模是冲压生产所用的主要工艺设备，冷冲压主要是利用模具完成各种形式的加工，__________是实现工艺方案的可靠保证。

2. 导柱式单工序落料模中的导柱与导套之间为________配合，常采用____________或__________。

3. 导正销与落料凸模的配合为__________。

4. 按照复合模工作零件安装位置的不同，复合模分为__________和__________两种。

5. 在压力机的每次行程中，侧刃在条料的边缘冲下一块长度等于________的料边。

二、判断题（正确的打“√”，错误的打“×”）

1. 冲裁模结构是否合理、优化，直接影响到生产效率、冲裁模本身的使用寿命、操作的安全性、方便性和经济性等。（　　）

2. 无导向的简单模主要适用于精度要求较高、形状复杂、批量大或试制用的冲裁件。（　　）

3. 导板与凸模为过渡配合，其配合间隙必须大于凸、凹模间隙，以保证准确导向。（　　）

4. 为了保证条料的顺利送进，导料板的高度必须大于固定挡料销高度与板料厚度之和。（　　）

5. 侧刃断面的长度应略大于送料步距，使导正销有导正的余地。（　　）

6. 单工序模主要用于生产批量大、精度要求高的冲裁件。（　　）

三、名词解释

1. 单工序冲裁模

2. 复合冲裁模

3. 级进冲裁模

四、问答题

1. 简述无导向敞开式单工序冲裁模的特点及应用场合。

2. 简述导板式单工序落料模的特点及应用场合。

3. 简述导柱式单工序冲裁模的特点及应用场合。

4. 简述复合冲裁模的优缺点。

5. 在级进模中使用导正销定位时对导正销有什么要求？

第三节　冲裁模零部件设计

一、填空题（将正确答案填写在横线上）

1. 冲模的主要零部件可分为____________和____________两个部分。

2. 凹模按结构不同可分为____________凹模和____________凹模。

3. 凹模按刃口形式可分为____________凹模和____________凹模。

4. 在与条料垂直方向上的限位，保证条料沿正确的方向送进，称为________。属于送进导向的定位零件有________、________、________等。

5. 两个导料销位于条料的同侧，从右向左送料时，导料销装在条料的________，从前向后送料时，导料销装在条料的________。

6. 侧刃实质上是一个__________的凸模，只是用其中两侧刃口切去条料边缘的部分材料，形成一个台阶。

7. 使用导正销的目的是消除送进导向和送料定距或定位板等粗定位的误差，主要用于__________。

8. 卸料装置分为________________和______________。

9. 在设计时，当卸料板型孔对凸模兼起导向作用时，凸模与卸料板的配合精度为____________。

10. 卸料板一般用____________制造，不需要热处理。

11. 挡料销一般用__________制造，热处理硬度为____________。

12. __________的作用是将上模固定在压力机滑块上，是上模与压力机滑块连接的零件。

13. 滑动导向模架由__________、________、____________和____________组成。

14. 模座材料一般用________、________，也可用 Q235、Q255 结构钢，对于大型精密模具的模座用 ZG35 铸钢。

二、选择题（将正确答案的代号填入括号内）

1. 卸料螺钉数量按照卸料板的形状与大小来确定，卸料板为圆形时常用（　　）个，为矩形时一般用（　　）个。

A. 1～2，2～4　　B. 3～4，3～5　　C. 3～4，4～6

2. 为便于可靠卸料，在模具开启状态时，卸料板的工作平面应高出凸模刃口端面（　　）mm。

A. 0.1～0.3　　B. 0.2～0.4　　C. 0.3～0.5

3. 下列不属于送进导向定位零件的有（　　）。

A. 导料销　　B. 导正销　　C. 导料板

4. 下列不属于送进定距定位零件的有（　　）。

A. 侧压板　　B. 侧刃　　C. 挡料销

5. (　　) 多用于大中型凸模的安装。

A. 台阶固定　　　B. 铆接固定　　　C. 螺钉和销钉固定

三、判断题（正确的打“√”，错误的打“×”）

1. 由于模具刃口要求有较高的耐磨性，并能承受冲裁时的冲击力，因此凸模材料应具有高的硬度与适当的韧性。 (　　)

2. 凹模与凸模选择同种材料制造，但凹模热处理后的硬度应略低于凸模，通常为 40 ~ 45HRC。 (　　)

3. 不宜设置侧压装置的场合有：板料厚度在 0.3 mm 以下的薄板、辊轴自动送料装置的模具。 (　　)

4. 初始挡料销主要用于连续模的初始定位，或在当挡料位置与凹模刃口太近会影响凹模强度时使用。 (　　)

5. 在设计模柄时，其长度不得大于冲床滑块内模柄孔的深度，模柄直径应与压力机滑块上的模柄孔径一致。 (　　)

6. 圆柱销钉配合深度一般不小于其直径的 1.5 倍，也不宜太深。 (　　)

7. 冲模滚动导向模架在导柱和导套间装有钢球保持圈和钢球。 (　　)

8. 模座的上、下表面粗糙度 Ra 值为 1.6 ~ 0.8 μm，在保证平行度的前提下，可允许 Ra 值降低为 3.2 ~ 1.6 μm。 (　　)

9. 对于冲裁模，导柱与导套的间隙应小于凸、凹模的间隙。 (　　)

四、名词解释

1. 工作零件

2. 定位零件

3. 导向零件

4. 固定零件

五、问答题

1. 简述滑动导向模架的结构类型。

2. 简述导板模模架的特点。

3. 简述上、下模座的作用。

第四节　典型零件冲裁模设计

一、填空题（将正确答案填写在横线上）

1. 设计落料模时先确定__________刃口尺寸，以凹模为基准，间隙取在________上。
2. 设计冲孔模时先确定__________刃口尺寸，以凸模为基准，间隙取在________上。
3. 固定卸料板的平面外形尺寸一般与凹模板相同，其厚度可取凹模厚度的________。
4. 弹性卸料板的平面外形尺寸等于或略大于凹模板，其厚度可取凹模厚度的________。
5. 固定板的厚度一般取凹模厚度的__________，与凸模采用__________配合，压装后__________。

二、判断题（正确的打“√”，错误的打“×”）

1. 冲裁件的内、外形转角处可以存在尖角。（　）
2. 条料在冲裁过程中翻动要少，在材料利用率相同或相近时，应尽可能选条料宽、进距大的排样方法。（　）
3. 硬材料的搭边值可大一些，软材料、脆材料的搭边值要小一些。（　）
4. 冲裁间隙一般选用最大合理间隙值。（　）

三、问答题

1. 冲模设计的资料准备都包括哪些方面的内容？

2. 简述冲模设计的主要程序。

四、计算题

1. 冲制如图 2—4—1 所示零件，材料为 Q235 钢，料厚 $t=0.5$ mm。试计算冲裁凸、凹模刃口尺寸及公差。

已知：$Z_{\min}=0.04$ mm，$Z_{\max}=0.06$ mm；$\phi 36_{-0.62}^{\ 0}$ mm 取 $x=0.5$，$2\times\phi 6_{\ 0}^{+0.12}$ mm 取 $x=0.75$；冲孔 $\delta_A=0.012$ mm，$\delta_T=0.008$ mm，落料 $\delta_A=0.025$ mm，$\delta_T=0.016$ mm。

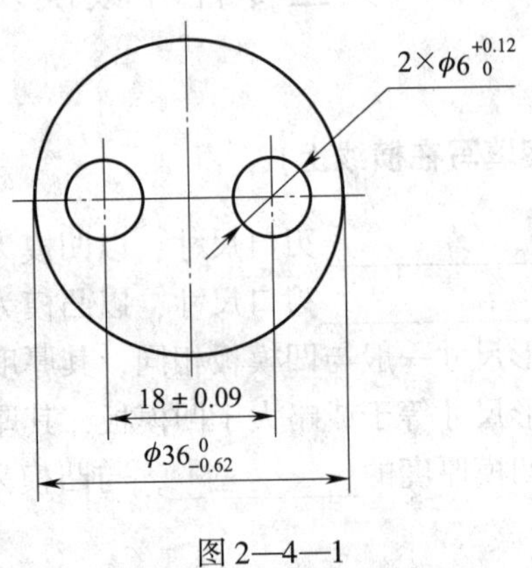

图 2—4—1

2. 如图 2—4—2 所示落料件，$a=80_{-0.42}^{0}$ mm，$b=40_{-0.34}^{0}$ mm，$c=35_{-0.34}^{0}$ mm，$d=(22\pm0.14)$ mm，$e=15_{-0.12}^{0}$ mm，板料厚度 $t=1$ mm，材料为 10 钢。试计算冲裁件的凹模刃口尺寸及制造公差。

已知：$Z_{\min}=0.10$ mm，$Z_{\max}=0.14$ mm。尺寸 80 mm，取 $x=0.5$；尺寸 15 mm，取 $x=1$；其余尺寸均取 $x=0.75$。

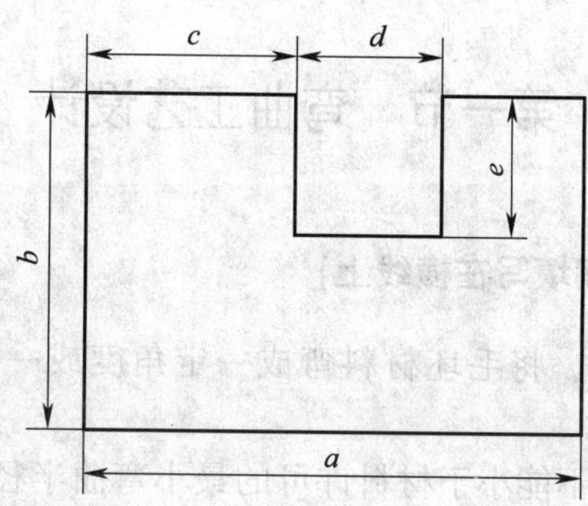

图 2—4—2

第三章　弯曲工艺与弯曲模设计

第一节　弯曲工艺设计

一、填空题（将正确答案填写在横线上）

1. 利用金属的塑性变形，将毛坯材料弯成一定角度或一定形状的冲压加工方法叫做__________。

2. 弯曲件的__________不能小于材料许可的最小弯曲半径，以免产生裂纹甚至开裂现象。

3. 当弯曲 90°角时，为保证弯曲件质量，必须使其直边高度 h 大于厚度 t 的__________以上。

4. 自由弯曲按弯曲件形状可分为__________和__________两种。

5. 弯曲使材料产生__________变形，在弯曲后，材料外层受拉伸长，内层材料受压缩短，中间一层材料长度保持不变，该层材料称为__________。

6. 在弯曲和成形加工终了，去除外载荷且制件离开模具后，工件的角度和圆角半径发生变化，与模具形状不一致，这种现象称为__________。

二、选择题（将正确答案的代号填入括号内）

1. 弯曲件的最小相对弯曲半径是用来限制弯曲件产生（　　）。

A. 变形　　B. 回弹　　C. 裂纹

2. 为保证弯曲可靠进行，二次弯曲间应采用（　　）处理。

A. 淬火　　B. 回火　　C. 退火

3. 弯曲件形状应尽量（　　），弯曲半径左右一致，以保证板料不会因摩擦阻力不均匀而产生滑动，造成工件偏移。

A. 不对称　　B. 对称　　C. 无要求

4. 当材料厚度不变时，弯曲半径越大，变形（　　），中性层越接近材料厚度的几何中心。

A. 越小　　B. 越大　　C. 不变

5. 因材料弯曲后外层伸长，内层（　　），中性层长度不变，故弯曲件毛坯长度等于中性层的长度。

A. 伸长　　B. 缩短　　C. 不变

三、判断题（正确的打“√”，错误的打“×”）

1. 板料的弯曲半径与其厚度的比值称为最小弯曲半径。（　　）

2. 冲压弯曲件时，弯曲半径越小，则外层纤维的拉伸越大。（　）

3. 当弯曲件的弯曲线与板料的纤维方向平行时，可具有较小的最小弯曲半径；相反，弯曲件的弯曲线与板料的纤维方向垂直时，其最小弯曲半径可大些。（　）

4. 减小凸凹模之间的间隙，增大弯曲力，可增加圆角处塑性变形程度。（　）

5. 采用校正性弯曲时的回弹比自由弯曲时小。（　）

6. 若工件不对称，在设计夹具结构时应考虑增设压料板，或增加工艺孔定位。（　）

四、问答题

1. 简述弯曲件的弯曲方法。

2. 简述弯曲件的工艺性的概念及其要考虑的因素。

3. 简述影响弯曲件回弹的主要因素。

4. 简述控制弯曲件回弹的措施。

第二节　弯曲模典型结构

一、填空题（将正确答案填写在横线上）

1. 常见的弯曲模结构类型有__________、级进弯曲模、复合弯曲模和____________。

2. V 形件__________，能一次弯曲成形。

3. 由于 Z 形件两直边弯曲方向__________，所以弯曲模必须包括向两个方向弯曲的动作。

4. 压弯时凸模首先将坯料弯曲成__________，当凸模继续下压时，两侧的转动凹模使坯料最后压弯成弯曲角__________的 U 形件。

二、选择题（将正确答案的代号填入括号内）

1. 弯曲件形状为（　　），则回弹量最小。
A. π 形　　B. V 形　　C. U 形　　D. W 形

2. 弯曲件形状为（　　），则无须考虑设计凸、凹模的间隙。
A. π 形　　B. V 形　　C. U 形　　D. W 形

3. 弯曲件在变形区的切向外侧部分（　　）。
A. 受拉应力　　B. 受压应力
C. 不受力　　D. 既受拉应力也受压应力

4. 弯曲件在变形区内出现断面为扇形的是（　　）。
A. 宽板　　B. 窄板　　C. 薄板　　D. A、B、C 都会

5. 相对弯曲半径 r/t 大，则表示该变形区中（　　）。
A. 回弹小　　B. 弹性区域大　　C. 塑性区域大　　D. 塑性区域小

6. 材料（　　），则该材料弯曲时回弹小。
A. 屈服强度小　　B. 抗拉强度大　　C. 经冷作硬化　　D. 弹性模量大

7. 一般（　　）工位才采用级进弯曲模。
A. 1 个　　B. 2 个以上　　C. 3 个以上　　D. 无要求

三、判断题（正确的打"√"，错误的打"×"）

1. 弯曲件的展开长度，就是弯曲件直边部分长度与弯曲部分的中性层长度之和。（　　）

2. 减小回弹的有效措施是采用校正弯曲代替自由弯曲。（　　）

3. 冲压弯曲件时，弯曲半径越小，则外层纤维的拉伸越大。（　　）

4. 在弯曲 r/t 较小的弯曲件时，若工件有两个相互垂直的弯曲线，排样时可以不考虑纤维方向。（　　）

5. 弯曲件的回弹主要是因为弯曲变形程度很大。（　　）

6. 自由弯曲终了时，凸、凹模对弯曲件进行了校正。（　　）

7．弯曲件两直边之间的夹角称为弯曲中心角。（ ）

四、问答题

1．简述单工序弯曲模的结构类型。

2．简述V形件弯曲模的优点。

第三节　弯曲模零部件设计

一、填空题（将正确答案填写在横线上）

1．对称模具的模架要__________，以防止上模和下模装错位置。

2．若凸（凹）模端面上的单位压力________模板材料的许用抗压应力，则连接处应采用垫板。

3．对于带顶板的弯曲模（如U形弯曲模），其凹模内侧靠近底部应做出__________，其尺寸与弯曲件相适应。

4．凸、凹模间隙是指凸、凹模之间的单边间隙，以________表示。

5．凸、凹模间隙的大小对________和________有很大的影响。

二、选择题（将正确答案的代号填入括号内）

1．弯曲模间隙（ ），则回弹大，降低工件的精度。

A．过小　　B．过大　　C．不变

2．弯曲模间隙（ ），会使工件边部壁厚减薄，降低凸模寿命。

A．过小　　B．过大　　C．不变

3．弯曲V形件，其凸、凹模间隙由调整压力机闭合（ ）来控制，不需要在设计、制造模具时确定。

A. 长度　　B. 宽度　　C. 高度

4. 当工件精度要求较高时，其间隙应适当（　　），取 $C=t$。

A. 缩小　　B. 增大　　C. 不变

三、判断题（正确的打“√”，错误的打“×”）

1. 弯曲件的凸模圆角和凹模圆角应分别做成两侧相等。（　　）

2. 大型单侧弯曲件，有时可将两件同时弯曲，变为不对称弯曲，以防止工件滑动，然后将弯曲件剖切开来。（　　）

3. 校正力集中在弯曲件圆角处效果好。（　　）

四、问答题

1. 简述弯曲零部件设计的原则。

2. 简述间隙的大小对工件质量和弯曲力的影响。

3. 简述凹模深度过大、过小对毛坯的影响。

第四节　典型零件弯曲模设计

一、填空题（将正确答案填写在横线上）

1. 教材本节案例模架导柱、导套采用________配合，材料为20钢并热处理至________。
2. 教材本节案例采用镶拼结构，凸模工作部分的材料为________，热处理至________。
3. 教材本节案例凸模与固定板为较紧的过渡配合__________。

二、选择题（将正确答案的代号填入括号内）

1. 教材本节案例在上模架与凹模之间采用垫板，材料为（　　）。
   A. HT200　　B. 45钢　　C. Cr12
2. 教材本节案例卸料板与凹模配合处留有0.1～0.5 mm的单边（　　）。
   A. 间隙　　B. 过渡　　C. 过盈

三、判断题（正确的打"√"，错误的打"×"）

1. 教材本节案例上模座、下模座材料为Cr12。（　　）
2. 教材本节案例凹模材料为T10A，局部（工作部分）热处理至60～64HRC。（　　）

四、问答题

1. 简述教材本节案例模具的基本组成部分。

2. 简述教材本节案例凹模加工工艺流程。

五、计算题

1. 求图 3—4—1、图 3—4—2 所示两个弯曲件的展开长度。

(1) 中性层位移系数 $x = 0.34$。

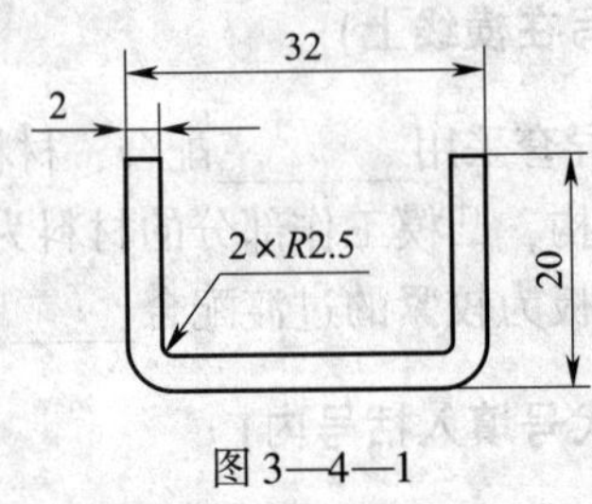

图 3—4—1

(2) 中性层位移系数 $x = 0.36$。

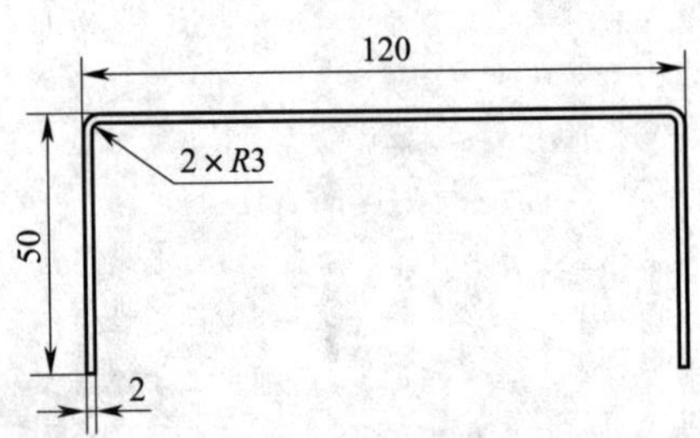

图 3—4—2

2．求图 3—4—3 所示弯曲件的坯料展开长度，中性层位移系数 $x=0.38$。

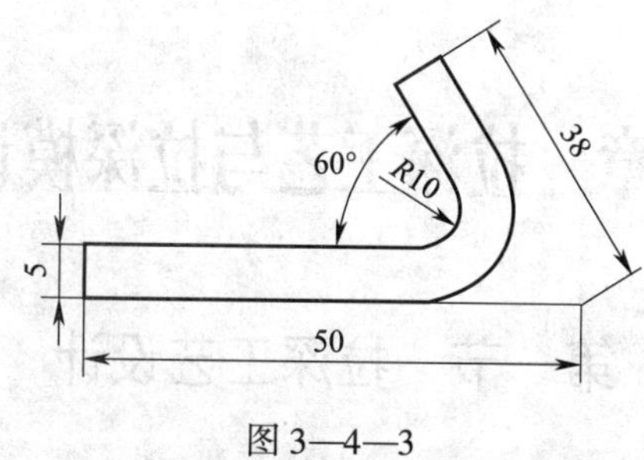

图 3—4—3

3．弯曲如图 3—4—4 所示工件，材料为 20 钢，已退火，厚度 $t=4$ mm。完成以下内容：

（1）分析弯曲件的工艺性；

（2）计算弯曲件的展开长度；

（3）计算弯曲力（采用校正弯曲）。

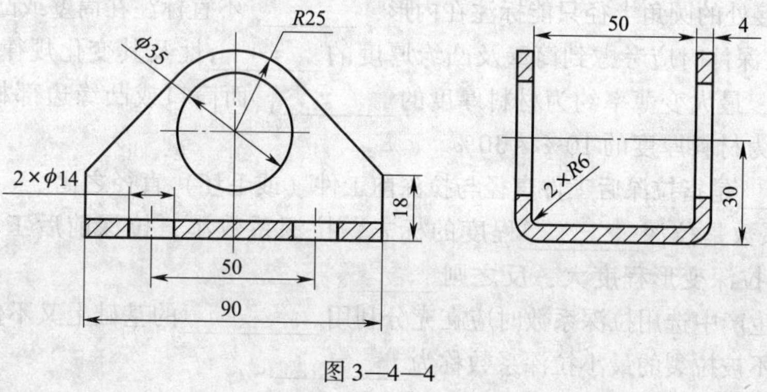

图 3—4—4

第四章　拉深工艺与拉深模设计

第一节　拉深工艺设计

一、填空题（将正确答案填写在横线上）

1. 拉深是指利用模具将平板毛坯冲压成________零件或将开口零件进一步改变形状尺寸的工艺。

2. 采用拉深工艺可以制成______、______、______、阶梯形、球面形和其他不规则形状的________制件。

3. 拉深可分为________拉深和________拉深。在实际生产中，应用较多的是________拉深。

4. 拉深所使用的模具叫________。拉深模结构相对较简单，与冲裁模相比，工作部分有较大的______，______质量要求高，凸、凹模间隙略________板料厚度。

5. 拉深件的结构形状应______、______，尽量避免急剧的________。

6. 拉深件标注尺寸时，应根据使用要求只标注内形尺寸或只标注外形尺寸，________和________连接处的圆角半径只能标注在内形，________不宜标注在筒壁或凸缘上。

7. 设计拉深件时应考虑到筒壁及凸缘厚度的________性及其变化规律，凸模圆角区________显著，最大变薄率约为材料厚度的________，而筒口或凸缘边部材料显著增厚，最大增厚率约为材料厚度的10%~30%。

8. ________是指拉深后工件直径与拉深前工件（或毛坯）直径之比。

9. 拉深系数是拉深________程度的标志，拉深系数小，拉深前后工件直径变化就________，即拉深变形程度大，反之则______。

10. 实际生产中选用拉深系数时应在充分利用__________的基础上又不使__________，这个使拉深件不被拉裂的最小拉深系数称为__________。

二、选择题（将正确答案的代号填入括号内）

1. 对于拉深件的高度，无凸缘筒形件 $h \leqslant$（　　）d（d 为拉深件壁厚中径）。

A. 0.5~0.7　　B. 0.3~0.4

C. 0.6~0.8　　D. 0.2~0.5

2. 对于拉深件的高度，带凸缘筒形件 $d_1/d < 1.5$ 时，$h \leqslant$（　　）d（d_1 为拉深件凸缘直径）。

A. 0.5~0.7　　B. 0.4~0.6

C. 0.6~0.8　　D. 0.2~0.5

3. 拉深件凸缘与筒壁间的圆角半径应取 $r_a \geqslant 2t$（t 为材料厚度），为便于拉深顺利进行，通常取 $r_a \geqslant$（　　）t；当 $r_a \leqslant 2t$ 时，需增加整形工序。

A. 4～8　　B. 3～6　　C. 2～5　　D. 6～7

4. 拉深件底部与筒壁间的圆角半径应取 $r_t \geqslant 2t$，为便于拉深顺利进行，通常取 $r_t \geqslant$（　　）t；当零件要求 $r_t < t$ 时，需增加整形工序。

A. 4～8　　B. 3～5　　C. 2～5　　D. 6～7

5. 材料的厚向异性系数 γ 对极限拉深系数影响很大，γ 值大说明板料易于（　　）变形。

A. 斜向　　B. 横向　　C. 纵向　　D. 交叉

6. 材料的屈强比 R_{el}/R_m 越小，极限拉深系数就越（　　）。

A. 大　　B. 好　　C. 小　　D. 差

7. 拉深凹模圆角半径小，将使弯曲应力增大，拉深系数变（　　）。

A. 大　　B. 好　　C. 小　　D. 差

8. 拉深凸模圆角半径大小对拉深系数影响不大，但凸模圆角半径过小则该处材料变薄严重，降低了传力区的承载能力，拉深系数会变（　　）。

A. 大　　B. 好　　C. 小　　D. 差

三、判断题（正确的打“√”，错误的打“×”）

1. 拉深件的高度 h 对拉深成形的次数和成形质量均有重要的影响。（　　）

2. 拉深工件毛坯的形状一般与工件的横截面形状相似。（　　）

3. 毛坯尺寸的确定方法很多，有等质量法、等体积法和等面积法等。（　　）

4. 拉深工件的毛坯仅用理论方法确定并不十分精确，特别是一些复杂形状的拉深件，用理论方法确定十分困难。（　　）

5. 通常是在已做好的拉深模中对已由理论分析初步确定的毛坯来试压、修改，直到工件合格后才将毛坯形状确定下来，再批量下料。（　　）

6. 一般情况下拉深后都不需要修边。（　　）

7. 在计算毛坯的尺寸时，不必把修边余量计入工件。（　　）

8. 一般形状比较规则的拉深工件的毛坯尺寸可用等面积法计算。（　　）

9. 如果拉深工件是不规则的几何体，其部分面积用表查不到或过于麻烦，则重心法较适用。（　　）

10. 压边是防止起皱的一个有效方法。（　　）

四、名词解释

1. 拉深

2. 拉深模

3. 拉深系数

五、简答题

1. 简述拉深变形过程。

2. 简述影响极限拉深系数的因素。

第二节　拉深模典型结构

一、填空题（将正确答案填写在横线上）

1. 拉深模按工艺顺序可分为________拉深模和________拉深模。

2. 拉深模按其使用的设备可分为________压力机模和________压力机模。

3. 拉深模按工序有无组合可分为________拉深模、________拉深模和________拉深模。

二、判断题（正确的打“√”，错误的打“×”）

1．落料拉深复合模生产效率高，操作方便，同时由于工件坯料落下后自动在模具中定位，工件质量也容易保证，所以在拉深工艺中经常使用。（　　）

2．无压边装置的首次拉深模的模具结构简单，制造方便，常用于材料塑性好、相对厚度较大的工件的拉深。由于拉深凸模要深入凹模，所以该模具只适用于浅拉深。（　　）

三、简答题

1．简述图 4—2—1 所示拉深模的工作原理。

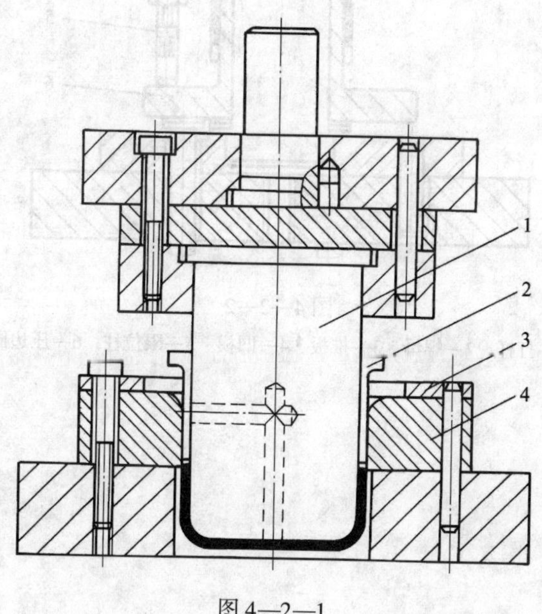

图 4—2—1

1—凸模　2—校模圈　3—定位圈　4—凹模

2. 简述图 4—2—2 所示拉深模的工作原理。

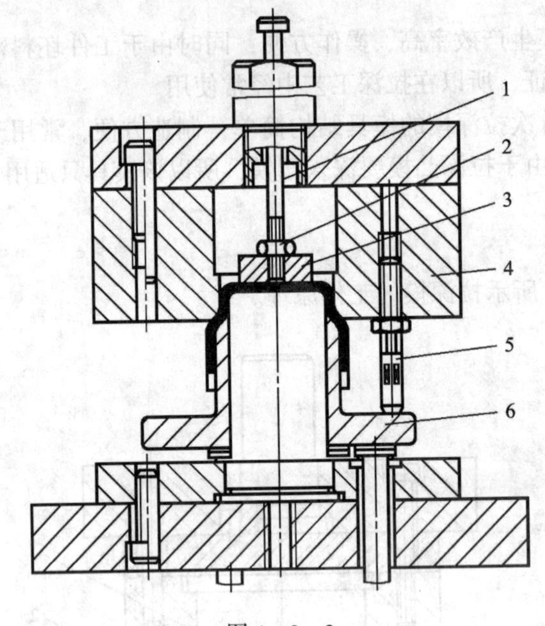

图 4—2—2

1—打杆 2—螺母 3—推板 4—凹模 5—限位柱 6—压边圈

第三节 拉深模零部件设计

一、填空题（将正确答案填写在横线上）

1. 凸、凹模的________半径对拉深工作影响很大。

2. 凸模圆角半径 r_t 过小，则________弯曲变形程度大，危险断面受________大，工件易产生局部________；r_t 过大，凸模与毛坯接触面小，易产生底部________和________。

3. 拉深模的间隙是指凸、凹模________尺寸的差值。

4. 确定间隙的原则是：既要考虑板料________的影响，又要考虑毛坯口部________的现象，故间隙值一般应比毛坯厚度________一些。

5. 中间过渡工序的半成品尺寸，没有严格限制的必要，所以模具尺寸只要等于______的尺寸即可。

6. 末次拉深时凸、凹模尺寸与公差，应按________的要求来确定。

二、选择题（将正确答案的代号填入括号内）

1. 最后一次拉深，凸模的圆角半径 r_t 应比凹模半径略小，即 r_t =（　　）r_a。

A. 0.6～1　　B. 0.3～1
C. 0.4～1　　D. 0.5～1

2. 不用压边圈时，单边间隙的取值 C =（　　）t_{max}。

A. 0.6～1　　B. 0.3～1
C. 1～1.1　　D. 0.5～1

3. 精度要求高的拉深件，其单边间隙的取值 C =（　　）t。

A. 0.6～1　　B. 0.9～0.95
C. 1～1.1　　D. 0.5～1

4. 首次拉深凹模圆角半径可按该公式计算：r_a =（　　）$\sqrt{(D-d)\ t}$。

A. 0.6　　B. 0.9　　C. 1　　D. 0.8

三、判断题（正确的打"√"，错误的打"×"）

1. 如有凸缘工件的圆角要求小于料厚，不必加整形工序。（　　）
2. 最后一次拉深时，凸模的 r_t 应等于零件的内圆半径，但必须小于材料厚度。（　　）
3. 不用压边圈时应考虑到起皱的可能，间隙取得较小。（　　）
4. 当工件要求内形尺寸精度较高时，应以凸模为设计基准。（　　）

四、简答题

1. 简述拉深凹模圆角半径对拉深的影响。

2. 简述拉深模的间隙对冲压的影响。

第四节　典型零件拉深模设计

一、填空题（将正确答案填写在横线上）

1. 教材本节案例端盖材料为________，厚度为________，具有良好的冲压性能。

2. 教材本节案例零件图上所有尺寸公差属于__________，一般冲压均能满足其尺寸精度要求。

3. 教材本节案例经结构强度分析，落料拉深凸凹模的壁厚强度足够，故采用________、________、________复合模，采用______复合模结构形式。

4. 教材本节案例凸模材料为________，热处理要求为________。

二、选择题（将正确答案的代号填入括号内）

1. 教材本节案例端盖零件需拉深（　　）次。

A. 1　　B. 2　　C. 3　　D. 4

2. 教材本节案例压料装置设在下模并且（　　）调节。

A. 可以　　B. 不可以　　C. 固定　　D. 自动

3. 教材本节案例端盖零件拉深系数为（　　）。

A. 0.63　　B. 0.53　　C. 0.2　　D. 0.9

4. 教材本节案例卸料装置为（　　）卸料。

A. 弹簧　　B. 弹性　　C. 人工　　D. 固定

三、计算题

试对图 4—4—1 所示无凸缘拉深件进行工艺分析与设计（生产批量：大批量；材料：08F 钢）。

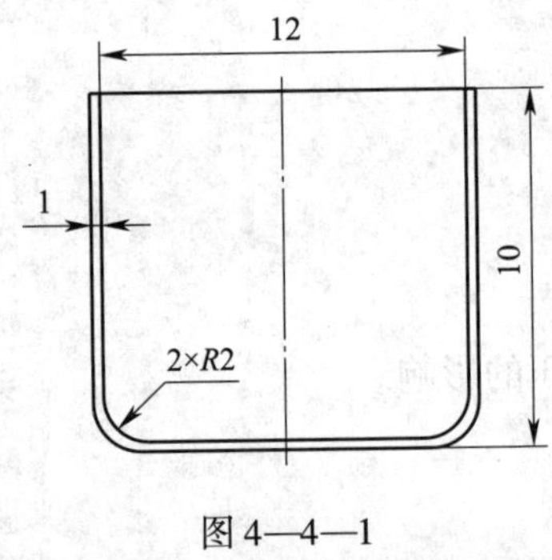

图 4—4—1

第五章　其他成型工艺与模具设计

第一节　胀形工艺与模具设计

一、填空题（将正确答案填写在横线上）

1. 在冲压生产中，利用模具强迫平板毛坯__________变形和空心件或管状件沿径向__________的成形工序统称胀形。

2. 胀形成形工艺包括__________、__________等。

3. 常见的平板毛坯胀形有________、________、________等，这些方法不仅提高了冲压件的________、________，而且还美化了零件的外观。

4. 胀形模具的结构有________和________两类。胀形可以采用不同方法来实现，一般有________、________和________三种。

5. 软模胀形的优点是：__________、__________、__________和__________。

二、选择题（将正确答案的代号填入括号内）

1. 分模块用整体模套固紧并采用圆锥面配合，其锥角应小于自锁角，α 一般取（　　）为宜。

A. 2°~4°　　B. 6°~8°　　C. 5°~10°

2. 厚度为 0.5 mm 的铝合金 3A21 的极限胀形系数 K_p 为（　　）。

A. 1.20　　B. 1.25　　C. 1.28

3. 厚度为 1 mm 的 08F 钢的切向许用伸长率 $\delta_{\theta P}$（%）为（　　）。

A. 20%　　B. 24%　　C. 28%

三、判断题（正确的打“√”，错误的打“×”）

1. 将圆柱形空心毛坯或管状毛坯向外扩张成曲面空心工件的冲压加工方法称为圆柱形空心毛坯胀形。（　　）

2. 胀形模的凹模一般采用钢、铸铁、锌基合金、塑料等材料制造。（　　）

3. 由于加强筋是靠毛坯的局部变薄来实现的，所以加强筋成形可按拉深变形来处理。（　　）

4. 由于刚体分瓣凸模胀形模具结构复杂，胀形变形不均匀，不易成形出形状复杂的工件，所以生产中常用软模进行胀形。（　　）

四、简答题

1. 简述胀形模设计的要点。

2. 对厚度小于1.5 mm、面积小于2 000 mm^2的薄料小件进行压筋成形时，所需冲压力是如何估算的？

3. 简述胀形变形的主要特点。

4. 空心坯料胀形时，所需的胀形力 F 如何进行计算？

第二节　冷挤压工艺与模具设计

一、填空题（将正确答案填写在横线上）

1. 冷挤压是指在室温下对__________施加压力，使其产生__________，并从模具__________的缝隙挤出，从而获得所需工件的加工方法。

2. 冷挤压工艺属于________的一种，冷挤压使用的毛坯大都是棒料，它可以用来制造________，如牙膏壳、铝质电容器及弹壳等。

3. 冷挤压毛坯变形区__________大，需要__________大，对模具________、________要求高。

4. 冷挤压工艺按金属流动方向与加压方向可分为__________、__________、________、__________和__________等。

5. 可用于冷挤压的金属较多，主要是有色金属及其__________、__________、碳钢、__________、__________等。此外，对于__________和__________等也可以进行冷挤压。

6. 毛坯的几何形状应保持____________、____________、____________；毛坯表面应____________，不能有____________、____________等缺陷。

7. 冷挤压毛坯软化处理方法主要有__________、__________、__________和________四种。

8. 预应力组合凹模的层数一般是按__________确定。当__________时，采用整体式凹模；当____________时，采用两层组合凹模；当______________时，采用三层组合凹模。

二、选择题（将正确答案的代号填入括号内）

1. 目前冷挤压件尺寸公差一般可以达到（　　）级，表面粗糙度可达 Ra（　　）μm。
   A. IT7　1.6～0.2　　B. IT8　3.2～1.6　　C. IT9　6.3～3.2

2. 冷挤压属于少切削或无切削加工，材料利用率可达（　　）。
   A. 50%～70%　　B. 70%～95%　　C. 95%以上

3. 45钢正挤压的许用变形程度 ε_A（%）为（　　）。
   A. 40　　B. 45～48　　C. 50

4. 黄铜自由镦粗的许用变形程度 ε_A（%）为（　　）。
   A. 50～60　　B. 73～80　　C. 92～95

5. 冷挤压时单位挤压力很大，特别是钢的单位挤压力高达（　　）MPa以上。
   A. 1 000　　B. 1 500　　C. 2 000

三、判断题（正确的打“√”，错误的打“×”）

1. 挤压件的强度、刚度较好，表面硬度较高，耐磨性、抗腐蚀性、抗疲劳性较好。（　　）

2. 冷挤压与切削加工相比，生产率可提高五至十倍。（　　）

3. 金属被挤出方向与加压方向相反是正挤压。 ( )

4. 正挤压法适用于制造断面是圆形、矩形等多种形状的空心件。 ( )

5. 冷挤压的变形程度通常用断面缩减率来表示，即挤压前后横断面积之差与毛坯横断面积之比。 ( )

四、问答题

1. 简述冷挤压的特点。

2. 简述冷挤压件的分类及其挤压方式。

3. 简述预应力组合凹模的压合方法。

4. 简述冷挤压模的结构形式。

5．影响冷挤压力的因素有哪些？如何确定冷挤压力？

第三节　翻边工艺与模具设计

一、填空题（将正确答案填写在横线上）

1．翻边是利用________把板料上的________或__________翻成__________的冲压加工方法。

2．翻边可加工形状较为________________的立体制件，还能在冲压件上制取与其他零件装配的部位，如__________、__________等。

3．外曲翻边时，由于切向受压应力，容易________，成形极限主要受____________的限制。

4．内曲翻边的成形极限根据________的边缘是否发生________来确定。如果变形程度过______，竖边边缘的切向________和厚度________也比较大，容易发生________，故 E_s 不能太大。

5．外缘翻边是沿______________，利用材料的________或________，形成高度不大的________。

6．在圆孔翻边中，变形程度决定于______________与______________之比。

二、选择题（将正确答案的代号填入括号内）

1．翻边高度要满足（　　），否则将得不到垂直的竖边，为此要增加翻边高度，翻边后再对高度进行修整。

A．$h>0.5r$　　B．$h>1.0r$　　C．$h>1.5r$

2．外曲翻边时，竖边高度不能太小，当高度小于（　　）时，回弹严重。

A．（0.5～1.0）t_0　　B．（1.5～2.0）t_0　　C．（2.5～3.0）t_0

3．对于翻边较大的制件，除采用先拉深再翻边的方法外，也可采用多次翻边方法成形，但在工序间需要退火，且每次所用的翻边系数应较前次增大（　　）。

A．15%～20%　　B．25%～30%　　C．35%～40%

三、判断题（正确的打“√”，错误的打“×”）

1．圆孔翻边 K 值越大，竖边孔缘厚度减薄越大，容易发生破裂，故圆孔翻边成形极限

受 K 值限制。 ( )

2. 无预制孔的翻边力比有预制件孔的大 1.5 ~2.0 倍。 ( )

3. 用平头凸模进行翻边时，侧壁有成为曲面的可能，故圆孔翻边凸模和凹模之间的间隙 c 可控制在（0.5 ~0.75）t_0，使直壁稍微变薄，以保证竖边成为直壁。 ( )

4. 用模具把毛坯上内凹的外缘翻成竖边的冲压加工方法称为内凹外缘翻边。 ( )

5. 内曲翻边的成形极限是根据竖边的边缘是否发生破裂来确定的。 ( )

6. 当翻边高度较大时，起皱趋势增大，为避免起皱，可采用压边装置。 ( )

7. 若制件要求的翻边高度较大，可采用先拉深、冲底孔再翻边的方法。 ( )

四、问答题

1. 简述圆孔翻边的变形特点。

2. 简述改善圆孔翻边成形极限的措施。

3. 简述圆孔翻边毛坯的计算方法。

4. 简述外缘翻边毛坯的计算方法。

第六章 多工位精密自动级进模设计基础

第一节 多工位精密自动级进模及其排样

一、填空题（将正确答案填写在横线上）

1. 多工位精密自动级进模必须带有______________，且送料精度高，送料进距易于调整，并带有高精度的______________。

2. 多工位精密自动级进模的主要工作零件常采用______________、高速钢或硬质合金等材料来制造。

3. 冲压件上孔的________较多，且孔的________太近时，可考虑分布在不同工位上冲出孔，但孔不能因后续成形工序的影响而变形。

4. ________的选择（向上或向下）要有利于模具的设计和制造，有利于送料的顺畅。

5. 为避免U形弯曲件变形区材料的拉深，应考虑先弯成__________再弯成__________。

二、选择题（将正确答案的代号填入括号内）

1. 由于在级进模中工序可以分散，不必集中在一个工位上，故不存在复合模的（　　）问题。

A. 最小壁厚　　B. 最大壁厚　　C. 中等壁厚　　D. 无要求

2. （　　）是多工位精密自动级进模设计的关键。

A. 步距　　B. 搭边　　C. 排样　　D. 跳步

3. 为提高凹模镶块、卸料板及固定板的强度和保证各成形零件安装位置不发生干涉，可在排样中设置（　　）。

A. 多工位　　B. 少工位　　C. 空工位　　D. 满工位

4. 将凸模切入料厚的（　　）后，模具中的机构将被切制件反向压入条料内，再送到下一工位加工，但不能将制件完全脱离带料后再压入。

A. 10% ~25%　　B. 20% ~35%

C. 30% ~45%　　D. 40% ~55%

三、判断题（正确的打“√”，错误的打“×”）

1. 单边载体只在带料的一侧留下连接材料，单边载体主要用于弯曲件。（　　）

2. 双载体形式通常用于料厚 $t<0.5$ mm 的薄料，且往往是单件排列。（　　）

3. 中载体常用于材料厚度大于 0.2 mm 的对称弯曲成形件，利用材料不变形的区域与载体连接，成形结束后切除载体。（　　）

4．采用边料载体时，一般要求料厚 $t \geqslant 0.5$ mm，步距可大于 30 mm。（　　）

四、问答题

1．简述多工位精密自动级进模的特点。

2．简述载体的主要作用和形式。

3．简述冲裁工位设计要点。

4．进行多工位精密自动级进模弯曲工位排样设计时，应注意哪些方面的问题？

第二节　多工位精密自动级进模典型结构及主要部件

一、填空题（将正确答案填写在横线上）

1. 级进模模架要求________、________，因此，通常将上模座加厚 5～10 mm，下模座加厚 10～15 mm（与标准模架相比）。

2. 级进模多采用________模架，并经常采用压板可卸式导柱、导套。

3. 模具在成形时，需要对成形高度进行调整，特别是在校正和整形时，__________成形凸模的位置是十分重要的。

4. __________机构是利用杠杆的摆动转化成凸模向上的直线运动。

5. 限位装置由限位柱、__________和__________组成。

6. 卸料板的________、________均由卸料板上面安装的均匀分布的弹簧提供。

7. 当冲压的材料比较薄，且模具的精度要求较高，工位数又较多时，应选用__________式导柱导套。

8. ________是多工位精密自动级进模结构中的重要部件，它不仅用于________，还起导正凸模、压平材料的作用。

二、选择题（将正确答案的代号填入括号内）

1. 教材图 6—2—1 所示 16 脚引线框多工位精密自动级进模采用（　　）侧刃、双侧面导板及双弹压导正销的导向结构，提高了材料的送料精度。

A. 单　　B. 双　　C. 三　　D. 四

2. 教材图 6—2—1 所示 16 脚引线框多工位精密自动级进模在凸模保护方面采用了（　　）凸模长度的方法；在保证凹模精度方面，采用了分段镶拼的方法。

A. 缩小　　B. 增大　　C. 等长　　D. 任意

3. 教材图 6—2—1 所示 16 脚引线框多工位精密自动级进模在压力机行程控制方面，采用了限位柱结构，使凸模进入凹模的（　　）得到了控制。

A. 长度　　B. 高度　　C. 深度　　D. 宽度

4. 一般（　　）工位才采用级进弯曲模。

A. 1 个　　B. 2 个以上
C. 10 个以上　　D. 无要求

5. 级进模按照凸模各部分的作用，可划分为刃口段、固定段和（　　）。

A. 侧面过渡段　　B. 中间过渡段
C. 上面过渡段　　D. 下面过渡段

三、判断题（正确的打“√”，错误的打“×”）

1. 多工位精密自动级进模由模板、条带、冲头、导柱、导套、定位销、螺钉、浮升销和卸料装置等零部件组成。（　　）

2. 多工位精密自动级进模凹模的结构与制造比凸模简单。 (　　)

3. 凸模是多工位精密自动级进模中最基本的零件之一，其设计对级进模的结构、使用性能和寿命有着重要影响。 (　　)

4. 卸料板还应起到对凸模的导向作用，以消除侧压力对凸模的影响。 (　　)

5. 冲压生产中，冲孔后的废料若贴在凸模端面上会使模具损坏，故对 4 mm 以上的凸模应考虑废料的排除。 (　　)

四、问答题

1. 简述多工位精密自动级进模凹模的结构形式和固定方法。

2. 简述多工位精密自动级进模定位装置的特点。

第三节　多工位精密自动级进模的安全保护

一、填空题（将正确答案填写在横线上）

1. 当冲裁速度较高时，__________或__________在凹模内被凸模吸附作用大（真空作用），因此容易回升。

2. 锋利刃口冲裁时，材料阻力______，制件或废料__________。

3. 间隙______时，冲裁剪切面（光亮带）______，制件或废料受凹模壁的挤压力和阻力大。

4. 利用压缩空气使________漏料孔产生________，迫使制件或废料漏出凹模，既可防止制件或废料回升，又可防止堵塞凹模。

5. 利用压缩空气清理模面的制件或废料，应正确设计__________、方向和所用__________的大小。

二、选择题（将正确答案的代号填入括号内）

1. 轮廓形状复杂的制件或废料，因其轮廓凸凹部分较多，凸部收缩，凹部（　　）。

A. 缩小　　B. 扩大　　C. 不变　　D. 翘曲

2. 凹模刃口壁做成（　　）的倒锥角，而漏料孔壁做成1°～2°的顺锥角。

A. 3′～10′　　B. 5′～15′　　C. 10′～25′　　D. 15′～30′

3. 凸模上所钻气孔位置及大小按清理制件不同而异，一般以（　　）mm 为宜。

A. 0.4～0.6　　B. 0.8～1.2　　C. 1.2～1.6　　D. 1.6～2

三、判断题（正确的打“√”，错误的打“×”）

1. 钝刃口冲裁时阻力大，制件或废料受凹模壁阻力也增大，反而不易回升。（　　）

2. 润滑油不仅容易使制件或废料黏附在凸模上，而且使凹模壁的阻力也相应增大，所以容易回升。（　　）

3. 利用压缩空气防止废料回升，主要用于小断面凸模不能装顶料销的场合，其气孔直径一般为0.3～0.8 mm。（　　）

4. 冲裁时制件或废料外周受到压缩应力作用，同凹模壁的摩擦增加，制件或废料容易回升。（　　）

5. 在不影响刃口重磨的情况下，应尽量减小凹模刃口直筒部分的高度 h，使 h = 1.5 mm。（　　）

四、问答题

1. 简述造成制件或废料回升的原因。

2. 简述模面制件或废料的清理形式。

3. 简述模具的安全检测装置有哪些。

第四节 UG 级进模（PDW）设计基础

一、填空题（将正确答案填写在横线上）

1. PDW（Progressive Die Wizard）是__________的一个模块（应用），中文含义为级进模向导，主要用于冲压级进模的设计。

2. PDW 为用户提供了__________、条料排样、__________、凸模和凹模设计等功能。

3. 准备好钣金零件后，即可使用 PDW 进行冲压__________设计和__________结构设计。

4. 冲切刃口外形设计实际上就是刃口的__________和__________。

5. 通过 PDW 工具栏中的冲模设计设置工具，可以设置__________、__________、冲头深入到凹模的距离等。

6. PDW 中的装配图纸工具为用户提供了级进模装配图纸的__________和__________功能。

二、选择题（将正确答案的代号填入括号内）

1. PDW 能（　　）执行级进模的设计和细化工作，从而加快投入生产的速度。

A. 手动　　B. 半自动　　C. 自动　　D. 任意

2. 计算冲压力是为了合理选用（　　）和设计模具。

A. 模架　　B. 压力机　　C. 试模参数　　D. 模柄

3. 腔体设计用于在（　　）上切出螺钉孔、冲头安装孔、让位槽等特征。

A. 导套　　B. 导柱　　C. 模柄　　D. 模板

三、判断题（正确的打“√”，错误的打“×”）

1. 对于采用 NX 钣金设计的制件模型，PDW 不可以直接使用。（　　）

2. 对于没有识别出的特征，可以手工生成相应的特征。（　　）

3. PDW 使用标准的目标装配体来生成新的项目装配体。（　　）

四、问答题

1．简述 PDW 为用户提供了哪些功能。

2．简述使用 PDW 进行冲压成形工艺设计包括哪些内容。

3．简述使用 PDW 进行模具装配结构设计包括哪些内容。